Marie-Josée MARIETTI

VOYAGE INTÉRIEUR

Marie-Josée MARIETTI

VOYAGE INTÉRIEUR

Qui sommes-nous?

Éditions Vie

Imprint

Cover image: www.ingimage.com

Publisher:
Éditions Vie
is a trademark of
Dodo Books Indian Ocean Ltd. and OmniScriptum S.R.L publishing group

120 High Road, East Finchley, London, N2 9ED, United Kingdom
Str. Armeneasca 28/1, office 1, Chisinau MD-2012, Republic of Moldova, Europe
Managing Directors: Ieva Konstantinova, Victoria Ursu
info@omniscriptum.com

Printed at: see last page
ISBN: 978-620-8-87708-8

Marie-Josée MARIETTI

Voyage intérieur,

la connaissance

Se connaître devient un cheminement de rapports profonds avec son soi profond. Cela nécessite un rapport particulier avec soi-même.

ECOUTER

- Il faut savoir s'écouter, prendre conscience de ses peurs, de sa culpabilité, de tous ses ressentiments en fait de toutes ses émotions négatives et apprendre à les apprivoiser, à les accepter et non à les refouler.

Ce dont il faut prendre conscience c'est que si notre coeur abrite des sentiments délétères tels que la haine, le ressentiment, le non pardon, nous percevrons tôt ou tard de la douleur, des désaccords et des conflits intérieurs qui, s'ils ne sont pas conscientisés comme étant la cause du mal être finiront par être matérialisés en maladies.

- **La méditation** et **la visualisation** sont à cet effet de bons outils.. La première **nous aide à nous centrer**: d'abord **sur notre respiration** qui voyage sans cesse en nous depuis notre naissance et, la seconde tend à nous **aider à nous focaliser sur ce que nous voulons vraiment réaliser** dans notre vie afin d'accomplir le voyage de notre cœur, mais avant tout il faut apprendre à reconnaître les schémas que nous avons développés au fil de notre existence pour apprendre à s'en libérer.

Mais qui sommes-nous ?

Sommes-nous que des corps au milieu d'un environnement hostile, où TOUT nous semble être fait sans que nous en soyons responsable ?

Sommes-nous le produit d'une évolution comme le supposait Charles Darwin ? Mais alors, quelle est donc cette intelligence qui permettrait cette évolution, cette adaptation ?

Comment tout ce qui nous entoure, naturellement puisse être bénéfique au vivant ?

- L'air, les arbres donc la fonction respiratoire est indispensable à notre survie,
- La terre nourricière qui produit tant et plus,
- Le rythme circadien qui joue sur de nombreux mécanismes biologiques, physiologiques et psychologiques,
- Le soleil qui, au contact des stérols de notre peau crée la vitamine D, et tant d'autres relations entre le cosmos et notre être, qui nous témoignent de cette inter relation merveilleuse et si intelligente du vivant.

Quelle est donc cette intelligence omniprésente, omnipotente et omnisciente, derrière la loi de la mitose (processus de la division cellulaire qui divise le noyau cellulaire en deux noyaux génétiquement identiques et dont l'information génétique des chromosomes va se répartir exactement entre les deux nouvelles cellules) et, n'oublions pas que ce processus est à la base de notre venue au monde.
Serions-nous donc des victimes des circonstances de la vie, ou serions-nous dès notre naissance accueillis dans un environnement d'amour ?

OUI! Je sais que je peux choquer certaines personnes, mais faites donc une pause pour réfléchir. Je ne peux pas traiter de tous les sujets car il faudrait prendre du cas par cas, mais ce que je souhaite que vous réalisiez, c'est que nous sommes des êtres-humains dotés d'un corps qui nous permet de nous mouvoir, d'appréhender..., **mais nous ne sommes pas que cela !**

Mais qui sommes-nous alors ?
Pourquoi sommes-nous ici sur terre ?
Sommes-nous le fruit du hasard ou avons-nous voulu venir sur terre et pourquoi ?

Je pense qu'un jour, chacun de nous s'est posé la question et je pense qu'en conclusion vous avez conclu que vous étiez un tout : **corps, âme et esprit.**

En partant de ce concept : corps, âme et esprit, nous sommes des êtres dotés d'un esprit intelligent qui nous a été donné depuis notre naissance, mais dont l'orientation nous est confiée ?
Posons-nous la simple question ;
Vivons-nous réellement dans "un univers hostile", alors que cet Univers est composé d'air, d'eau, de soleil et de terre indispensable à notre vie ?
Non ! Bien sûr que non !
Dans le meilleur des cas nous sommes accueillis par des familles aimantes, de là se poser la question si nous avons voulu venir sur terre, je n'en sais rien, mais ce dont je suis persuadée c'est que nous sommes là pour faire évoluer les choses ; notre vie est importante et nous devons la chérir.

Le corps qui nous a été confié doit être entretenu non seulement physiquement mais aussi spirituellement et surtout spirituellement.
Notre mental est un outil très intéressant mais il ne doit pas être notre maître. Nous devons faire la distinction entre les pensées qui proviennent du mental et de l'intuition qui provient du cœur, le tout, guidé par une énergie spirituelle qui vibre en nous.

Oui, nous possédons un corps physique que nos sens perçoivent mais aussi des corps subtils, énergétiques qui ne sont point visibles par nos sens mais qui font partie intégrante de cette vie qui nous anime.
Oui ! Nous sommes des êtres physiques dotés d'un cerveau et d'un système nerveux auquel sont rattachés des corps énergétiques qui entourent notre corps physique et qui font partie intégrante de notre constitution humaine. C'est au niveau de ces corps énergétiques que s'emmagasine l'énergie, qui provient entre autres du cosmos, que passe nos émotions et, qui se trouve être le siège de la pensée, de la conscience, de l'intelligence et de l'âme comme le souligne le Docteur Luc BODIN.
Il me plaît en complémentarité d'ajouter Dieu, cette partie Divine en chacun de nous.

Nous sommes donc des êtres physiques avec une physiologie qui, nous allons l'expliquer tout au long de cet ouvrage, est étroitement influencée par nos pensées, par notre propre intelligence consciente qui, mal orientée par de fausses croyances contraires à la Vie peuvent nous conduire vers des états physiques psychologiques dévastateurs.
Il est nécessaire de savoir, que là où vont nos pensées, vont nos émotions et chaque émotion à sa propre expression hormonale chimique qui, correspond à l'énergie dirigée par l'intention consciente de la pensée. Cette énergie émotionnelle active ensuite les organes, les tissus et

cellules vers la zone du corps associée et se transforme en expérience positive ou négative conduisant soit vers la santé, soit vers la maladie.

Nous avons donc compris que la pensée se transforme en expérience. Dès lors que notre conscience active notre tissu neurologique, elle crée le mental qui est la mise en action de notre cerveau.

Mais que devons-nous comprendre ?

Conscientiser la Vie qui nous habite et la considérer comme primordiale, vitale, nous fait relativiser les perturbations et les dissonances de ce monde.

Ce monde ne nous a pas créé ! Chacun de nous bien que vivant dans ce monde, sommes issus d'une conscience supérieure, faut-il que nous soyons aveugles pour ne pas nous en rendre compte.

Depuis l'enfance nous avons été conditionnés, formatés et peu à peu nous nous sommes évanouis dans des croyances, dans des valeurs limitées, dans de la victimisation, imputant notre mal-être aux circonstances événementielles et ainsi, avons perdu conscience de qui nous sommes vraiment !

Stoppons ! oui stoppons ce processus dévalorisant de l'Être.

Tout un chacun a développé sa propre conscience morale par l'assimilation, la construction et l'interaction en rapport de son éducation, de son vécu, de ses croyances, de sa sensibilité émotionnelle ainsi qu'en fonction du regard que nous avons porté sur les circonstances de notre vie et les croyances associées.

Nous avons donné vie à notre existence telle que nous la vivons actuellement.
En effet, tout ce que nous avons entendu par divers référents ainsi que toutes les pensées afférentes à nos croyances se figent dans notre esprit et le corps devient le réceptacle automatique de nos croyances.

Oui! Le cerveau est conçu pour refléter TOUT ce qui se passe dans notre vie, c'est un réel ordinateur qui a intégré tout ce que l'on a vécu et appris jusqu'à présent, de par nos habitudes de pensées de comportements et d'actions répétés maintes et maintes fois.
En résumé, l'expérience s'imprime dans les circuits neuronaux tandis que l'émotion, elle, est emmagasinée dans le corps.

Donc, le corps qui a enregistré émotionnellement, tel un émetteur récepteur, la configuration de notre construction mentale a été conditionné émotionnellement à devenir l'esprit.

C'est ainsi que notre passé s'inscrit dans la constitution biologique du corps.

Comment ne pas rester prisonnier de toutes ces connaissances, expériences délétères, voire déprimantes, désarçonner ses peurs, ses culpabilités, Comment fait-on ?

Il ne faut jamais laisser passer les idées dans la conscience si l'on ne veut pas en faire l'expérience.

Mais comment cela ?

- Les mêmes pensées conduisent aux mêmes choix.
- Les mêmes choix conduisent aux mêmes comportements.
- Les mêmes comportements conduisent aux mêmes expériences.
- Les mêmes expériences produisent les mêmes émotions.
- Et ces mêmes émotions dirigent nos pensées dans notre biologie, dans notre circuit neurologique et notre chimie neurologique, nos états hormonaux et, même notre expression génétique correspondent à ce que l'on pense, à ce que l'on fait et ce que l'on ressent.

- **Ce que nous pensons, ce que nous faisons, ce que nous ressentons, c'est ce que l'on appelle la personnalité, et notre personnalité crée notre réalité personnelle.**

- **Donc, si l'on veut créer une nouvelle réalité personnelle, une nouvelle vie, il faut réfléchir à ce à quoi nous pensons et le changer.**

Il faut devenir conscient de tous nos comportements inconscients et les transformer, et ensuite il faut observer les émotions qui nous tiennent ancrées dans le passé et décider si l'on veut que ces émotions appartiennent à notre futur.

Il est dit en neurosciences que 2 cellules neuronales qui se connectent fusionnent, donc, si nous continuons à penser les mêmes choses, à faire les mêmes choix, à montrer les mêmes comportements qui créent les mêmes expériences, cela ancre les réseaux neuronaux dans les mêmes schémas. Nous restons ainsi la même personne cloîtrée, limitée, dotée du même ressenti familier et l'on assujettit cela à notre personnalité et notre personnalité crée notre réalité personnelle.

On commence à délimiter notre cerveau dans des schémas bien précis, et donc, cette signature définie dans notre cerveau devient comme une boîte et cette boîte devient délimitée, c'est ce que l'on appelle la personnalité, et, chemin faisant, année après année, nous devenons un ensemble de comportements, de pensées inconscientes, de réactions émotionnelles et d'habitudes qui fonctionnent comme un programme d'ordinateur.
Nous faisons tellement de fois ces choses que notre cerveau, notre corps sait le faire tout seul et, quand le corps devient l'esprit, c'est ce que l'on appelle une habitude.
A ce niveau nous pouvons certifier que "notre personnalité" ainsi construite devient notre "réalité" personnelle.
La question à nous poser est la suivante :
Sommes-nous confortables dans notre réalité personnelle ?
Si tout va bien cela est super, dans le cas contraire :

Comment pouvons-nous faire pour sortir de ce schéma ?
Pensons-nous qu'il y a une possibilité de changement ?
Oui ! bien sûr ! nous pouvons changer nos schémas pour apprendre à se libérer des voix destructrices qui nous habitent et, en reconnaissant le pouvoir d'un schéma délétère, ce dernier tend à se dissiper, dès qu'il y a une nouvelle compréhension de changer d'habitude. *A priori, nous devons comprendre le sens du ou des problèmes et si l'on veut que la conception ou le rapport change dans la relation, il faut changer nous-même et non pas vouloir que ce soit la situation ou l'autre qui changent.*

Bien que ce soit difficile à admettre, c'est chacun de nous qui actionnons consciemment ou inconsciemment, à chaque instant, dans toutes circonstances notre responsabilité en rapport de nos pensées, de nos croyances, et c'est en tant qu'êtres responsables, en devenant conscients de notre potentiel que nous avons le pouvoir de changer nos habitudes, nos comportements, nos rapports aux autres et même les circonstances de notre existence.

En fait, nous sommes à la fois miroir et lumière.

Revenons donc à la source de la Vie.

Dans ce monde, tout se renouvelle selon son espèce et nous sommes dans un Univers, qui est en interaction avec chacun de nous.
Tout ce qui se trouve dans notre Univers connu est constitué de lumière, d'information, d'énergie et de conscience, et le tout exprime ce que l'on connaît sous le terme "d'énergie électromagnétique".
Notre corps lui aussi est entouré d'un champ d'énergie électromagnétique invisible toujours porteur d'une intention consciente, et lors de méditations profondes nous pouvons agir sur le ralentissement de nos ondes cérébrales en élargissant notre attention pour percevoir des informations désirées car nous sommes en mesure de transcender le mental analytique qui crée une séparation entre la conscience et le subconscient.
Nous sommes alors aux commandes du système de la gestion de notre corps en prenant ainsi les commandes de notre système nerveux autonome, et ainsi, notre cerveau fonctionne de manière plus holistique.

Ainsi nous comprenons que :

L'un des buts principaux de la méditation est de transcender le mental analytique qui sépare la conscience du subconscient.

En ralentissant nos ondes cérébrales, nous sortons progressivement de la conscience du cerveau pensant et nous allons au-delà du mental analytique. Nous accédons au système de gestion du subconscient, dans lequel se trouve tous les programmes automatiques et toutes les habitudes inconscientes et **le but de cette méditation c'est de transformer ce nouveau désir, cette nouvelle pensée en expérience.**

OUI ! Pour être alignés (ées) avec cette Vie qui nous anime tous, osons réaligner toutes ces parties qui composent notre Être : corps, âme, esprit.

Cette Vie, cette énergie Vitale qui nous a été donnée gratuitement par les fruits de l'Esprit c'est l'Amour, la joie, la paix, l'amabilité, la maîtrise de Soi ....

Alors pourquoi tant de chaos dans nos cœurs, dans nos vies ?

Pourquoi choisissons-nous de regarder ce monde avec hostilité où très souvent la peur règne en maître ?

Pourquoi n'osons-nous pas orienter notre regard vers notre intériorité et mettre notre esprit au défi afin de plonger notre attention **vers notre MOI profond** ?

Peut-être qu'au lieu d'écouter certains propos délétères, formulés dans ce monde, qui ne sont que source bien souvent de pensées, d'émotions anxiogènes, ne devrions-nous pas, par le simple désir de bien être, activer et conscientiser **cette puissance bienfaitrice qui est en nous, cette énergie vitale**, celle qui ne cherche qu'à s'épanouir, simplement en changeant notre regard sur les choses.

Il est prouvé par plusieurs éminents docteurs en neuro science en autres, Jo DISPENZA et David LE FRANÇOIS qui ont étudié de par leur profession la structure et le fonctionnement du cerveau, depuis l'échelle moléculaire jusqu'à notre organisme tout entier, que **la vie humaine depuis le premier atome est un échange constant d'énergie et d'informations,** que nous pouvons mettre à profit dans tous les domaines de notre vie.

Mais alors, comment cela se passe-t-il de l'atôme à la cellule?

Lorsque **les atomes** se rejoignent et partagent de l'énergie et des l'informations, ils forment une molécule. Donc, les molécules ne pourraient se former sans échange d'informations et d'énergie.

La molécule est entourée d'un champ de lumière invisible, constituée d'énergie et d'informations qui lui confère des propriétés nécessaires pour qu'elle reste une. Quand d'autres atomes rejoignent cette molécule, elle se complexifie et forme **une substance chimique** également entourée d'un champ de lumière invisible, lui conférant les propriétés physiques permettant de préserver son intégrité.

Quand un nouvel atome s'associe à la substance chimique, elle devient plus complexe et peut former **une cellule** qui, elle aussi est entourée d'un champ énergétique et informationnel invisible qui lui donne les instructions nécessaires à son fonctionnement.

Par la suite, lorsque plusieurs cellules se regroupent elles forment **un tissu**, lui aussi entouré d'un champ énergétique et informationnel propre au fonctionnement harmonieux des cellules.

Ensuite ce sont les tissus qui se regroupent pour former **un organe** lui aussi, entouré d'un champ énergétique et informationnel assurant son fonctionnement sain.

Dans la continuité de cela, les organes se rassemblent pour former un système toujours entouré d'un champ invisible lui conférant des propriétés physiques favorisant l'intégrité de son fonctionnement.
Enfin les systèmes se regroupent pour former **un corps** entouré d'un champ lumineux le gérant.

Les photographies du technicien russe *Semyon Kirlian* ont démontré la présence d'une enveloppe invisible autour du corps physique des êtres humains, des animaux et des plantes.
Ces corps énergétiques connus dans notre société occidentale sous la dénomination de **l'aura**, ont été également décrits dans d'autres sociétés sous différentes appellations.
Cette "AURA" qui entoure notre corps physique est composée de 3 corps subtils, chacun étant composé de deux sous-couches :

Le corps vital, le plus proche du corps physique est constitué de deux sous-couches :

1. ***Le corps éthérique*** stocke l'énergie et gère la croissance des organes.
2. ***Le corps astral*** où se fabriquent les émotions.

Le corps mental enveloppe le corps vital et se divise en deux parties.

1. ***Le bas mental*** où siègent la raison et l'intelligence est en relation avec l'inconscient.
2. ***Le haut mental*** où siègent l'intuition et la sensibilité.

Le corps spirituel qui entoure le corps mental, est constitué également de deux parties :

1. ***Le corps spirituel*** où siège le super conscient et qui revient d'incarnation en incarnation.
2. ***L'âme*** encore appelée "étincelle divine" se développe au cours de la ou des vie(s).

Le corps humain est composé de 99% de fréquence et d'informations.

Nikola TESLA *inventeur et ingénieur américain d'origine serbe, décrit de nouvelles méthodes pour réaliser la conversion de l'énergie. Ce dernier, à l'origine du développement et l'adoption du courant électrique alternatif pour le transport et la distribution de l'électricité,* disait : **Si vous voulez trouver les secrets de l'Univers, pensez en termes de fréquences et de vibrations.**

Albert EINSTEIN *physicien théoricien helvético-américain d'origine allemande, publie sa théorie sur la relativité restreinte et générale.* Il soutenait que : **La matière est l'esprit réduit au point d'être invisible. Il n'y a pas de matière, le temps et l'espace ne sont pas des conditions dans lesquelles nous vivons, mais des modes par lesquels nous pensons.**
Tout est énergie, et c'est là tout ce qu'il y a à comprendre dans la vie. Aligne-toi à la fréquence de la réalité que tu souhaites et cette réalité se manifestera.

<u>Quelques-unes de ses phrases :</u>

- Nous aurons le destin que nous aurons mérité.
- L'imagination est plus importante que le savoir.

- Le culte de la personnalité reste, à mes yeux, toujours injustifié.

Le docteur Joe DISPENZA né aux Etats-Unis d'Amérique, conférencier, auteur et enseignant, diplômé en Sciences (biologie cellulaire, neurosciences) et, docteur en chiropratique dit que: **la fréquence de vos pensées émet une onde électro-magnétique qui attire des évènements de la même fréquence.**

Ralph Waldo EMERSON philosophe et poète américain affirme que : **ce que nous pensons, nous le devenons.**

Lao TZU contemporain de Confucius, philosophe et sage chinois, considéré comme le père fondateur du Taoïsme disait : **Regardez au-delà de vos sens, percevez l'invisible, écoutez l'inouï, touchez l'immuable, c'est là que se trouve la vérité.**

Donc nous comprenons qu'essayer de ne comprendre le monde qu'avec nos yeux est insuffisant et qu'il faut utiliser son esprit et aller au-delà de nos sens.

Je suis consciente que depuis l'enfance, nous avons développé notre propre expérience aux travers de conditionnements de pensées et de comportements. Ainsi, nous avons structuré notre psyché selon la société dans laquelle nous avons grandi et intégré des archétypes liés à notre culture.
De notre éducation, de notre propre expérience de tout ce que nous avons entendu de rationnel (méfiance, protection etc..), nous avons développé des peurs, de la non confiance, de la dévalorisation etc...

Aujourd'hui, prenons conscience que nous sommes bien plus qu'un simple corps qu'il faut protéger sans cesse, prenons conscience que nous ne sommes pas victimes des circonstances mais que nous avons, à condition d'y croire vraiment, la maîtrise sur nos vies et sur notre environnement.
Apprenons à identifier nos représentations dévalorisantes à reconnaître nos structures psychiques qui nous maintiennent dans l'incapacité et nous tirent vers le bas, repérons les schémas que nous avons développés au fil de notre existence pour apprendre à s'en libérer.

Comment fonctionne notre cerveau dans les apprentissages, quel est le rôle d'une pensée, d'un souvenir….

Quand une pensée ou un souvenir vient, il se produit une réaction biochimique dans notre cerveau.
Du point de vue neuroscientifique, il y a apprentissage dès lors que les neurones dans notre cerveau s'assemblent pour former des milliers de connexions synaptiques, qui se regroupent en réseaux tridimensionnels complexes.

Non seulement les **expériences permettent de développer des circuits cérébraux, mais en plus elles créent des émotions qui ne sont que des résidus chimiques d'expériences passées** ou rétroactions chimiques.

Au fur et à mesure que nos sens enregistrent des informations provenant de l'environnement, des groupes de neurones, comme nous l'avons vu plus haut, les organisent en réseaux tridimensionnels complexes. Quand ces informations se figent et forment un schéma, le cerveau produit une substance chimique (adrénaline, cortisol... qui est ensuite envoyée dans tout le corps. Il s'agit d'une émotion.

Par conséquent l'expérience s'imprime dans les circuits neuronaux et l'émotion est emmagasinée dans le corps.
C'est ainsi que notre passé s'inscrit dans la constitution biologique du corps.

Par exemple :

Pensée de peur, on commence à éprouver de la peur, au moment où l'on ressent cette émotion, elle nous influence, provoquant davantage de pensées de peur, qui engendrent elles-mêmes la sécrétion de nouvelles substances chimiques dans le cerveau et dans le corps ce qui renforce la sécrétion de peur (cercle vicieux), pensées, sensations et vice-versa.

Je suppose que nous avons bien compris que l'Être humain n'est pas uniquement qu'un corps, mais un être bien plus complexe, animé d'une énergie réactionnelle émotionnellement et vibratoire à différentes fréquences selon son interprétation, sa mentalité, ses croyances et l'état psychique de chacun.

Là où se place notre attention, va notre énergie. Au moment même où notre attention se tourne vers une émotion ou un souvenir familier, nous détournons notre énergie du moment présent, pour l'envoyer dans le passé. A cet instant précis, toute notre énergie est absorbée par ces expériences connues dans cette chronologie spécifique. Notre énergie renforce donc la même situation et notre corps suit la direction imposée par notre mental, qui va nous amener à vivre les mêmes événements dans la même réalité.

En fait, notre énergie est extraite du moment présent et utilisée pour prolonger le passé et donner vie au futur. De fait, il nous reste que très peu d'énergie pour créer une expérience inconnue dans une nouvelle chronologie.

L'impact modificatif de notre forme de pensée émotionnelle sur notre biochimie :

Nous avons déjà évoqué que, suite à une expérience, une pensée, un souvenir, il se produit une réaction biochimique dans notre cerveau, avec déversage de substances chimiques dans tout le corps.

Il est démontré en neuroscience que lorsqu'un signal en provenance d'un environnement extérieur à la cellule atteint la membrane cellulaire, la substance chimique est acceptée par un récepteur extracellulaire et se fraye un chemin jusqu'à l'ADN intracellulaire. Puis, un gène produit une nouvelle protéine correspondant au signal émis.
Ce qui me confirme que nous pouvons activer de nouveaux gènes, si nous modifions notre manière de penser.

Etant donné que, là où va notre pensée, notre attention, va notre énergie et en étant bien d'accord que nous sommes des êtres conscients, j'affirme qu'à chaque instant de notre vie, nous activons une certaine énergie spécifique porteuse d'une intention, qui stimule nos réseaux neurologiques associés qui activent des glandes, des tissus, des

hormones et substances chimiques appropriés correspondant à notre état d'esprit du moment.
Tout s'opère au niveau inconscient.

Dans cette optique, nous pouvons vérifier que nous sommes, acteurs voire même maîtres de notre biologie, maîtres de notre vie.

MAIS COMMENT CROIRE QUE NOUS POUVONS ÊTRE LA SOURCE DE TOUS CES MALAISES QUI NOUS ARRIVENT ?
Mais qui sommes-nous ?
D'où venons-nous ?
Quelle est notre source ?
Je vais l'évoquer plus bas : **"Tout se renouvelle selon son espèce" (propos bibliques).** De plus, humainement nous avons pu vérifier que les chiens font des chiens, les chats font des chats.
Allons plus loin ! Si le cosmos, la terre nous accueillent si chaleureusement, nous, humains, d'essences créatrices, comment ne pas accepter humblement en reconnaissant les faits, que cette Intelligence Universelle, ce Dieu créateur, qui nous embrase de sa vie, ne désire-t-il pas nous voir à son image ?
Ferait-il une exception alors qu'il est venu sur terre se sacrifier pour nos péchés ?
Cet Esprit Divin créateur dans un Univers quantique où tout est possible ne nous donnerait-il pas la possibilité d'être Esprit créateur, ne ferait-il pas de nous des Intelligences créatrices tout comme LUI ?

Mais voilà ! Son Esprit est pur tandis que le nôtre est vollé par notre venue sur terre. Nous avons choisi d'expérimenter notre propre choix selon notre propre arbitre, mais notre esprit étant d'essence divine doit se confronter à notre égo et bien souvent nous nous condamnons nous-mêmes avec toute cette puissance qui nous à été donnée mais que nous utilisons à mauvais escient.

RÉVEILLONS-NOUS, nous qui nous laissons endormir par nos sens physiques !

L'Être humain doit être considéré dans une dimension holistique (physique, physiologique, psychologique et spirituelle), afin que le capital vital qui nous est donné serve à élever notre esprit afin que nous puissions inlassablement à la source de la Vie.

Nous devons prendre conscience et, je ne le redirai jamais assez, de notre état d'esprit, de comment l'on se sent, des pensées et des émotions qui nous traversent, du malaise qui nous tenaille....

QU'EST-CE QUI NOUS EN EMPÊCHE !

PEUT-ÊTRE BIEN NOTRE EGO, notre mental, nos pensées, nos croyances ?

Ce mental, qui est la mise en action de notre cerveau, se crée, dès que notre conscience active notre tissu neurologique. Alors soyons vigilants, lorsque nous nous surprenons à avoir contre autrui ou contre nous-mêmes, des pensées ou propos dévalorisants. Ce mental qui gère toute cette partie pragmatique, cognitive, analytique est essentiel dans ce monde, mais il ne doit en aucun cas prendre toute la place et devenir notre maître. Développons notre intuition ! Laissons notre cœur parler.

Préparer le mental et le corps à un nouvel avenir :

Nous pouvons transformer le cerveau et le corps grâce au seul pouvoir de la pensée.

Si l'on place notre attention sur des images mentales spécifiques et que l'on soit très présent à une séquence de pensées et émotions répétées, le cerveau et le corps ne feront pas de différence entre ce qui se passe dans le monde extérieur et ce qui arrive dans le monde intérieur.
Ainsi, quand nous sommes parfaitement concentrés et totalement tournés vers ce que nous faisons, le monde intérieur, qui n'est en outre que notre imagination sera assimilée à une expérience extérieure et, notre corps se transformera en conséquence.

Cela signifie que nous pouvons influencer notre cerveau et notre corps en vivant intérieurement une expérience physique sans la vivre pour de vrai.
Non seulement nous devenons biologiquement ce sur quoi nous plaçons notre attention et ce que nous nous répétons sans cesse mentalement. Compte tenu de ce processus nous déterminons notre avenir.

Vous l'aurez donc compris, il faut penser à ce que l'on veut voir arriver dans notre vie et mettre derrière le "Je Suis", signifiant: Conscience Divine, Être, Moi Supérieur ou Principe de vie, les meilleurs qualificatifs dont nous voulons être dotés.
En sachant que nous faisons partie de cette intelligence qui nous à créée et que TOUT se renouvelle selon son espèce, si nous le désirons au plus profond de notre coeur, si nous voulons accéder à notre conscience profonde, nous devons avec détermination visionner qui nous voulons devenir en invoquant le "Je Suis" qui annonce le Dieu vivant en nous.
Nous véhiculerons ainsi de nouvelles intentions, une nouvelle énergie, de nouvelles informations à notre cerveau qui par voie de conséquence se manifesteront dans notre corps, notre conception, nos actions et amélioreront notre santé le cas échéant.

Voyons comment nous pouvons augmenter notre fréquence vibratoire grâce à notre conscience.

Retenons bien ce concept clé que “l’énergie va là où va notre attention”.

Là où se porte notre attention, va notre énergie et l’énergie porte des informations. ***Ainsi lorsqu’on concentre notre attention sur quelque chose on lui envoie de l’énergie, on y véhicule des informations*** et ces informations dépendent de notre attention et de notre intention. Ainsi lorsqu’on essaie d’anticiper un événement stressant, on se l’imagine et nous dirigeons notre énergie mentale vers ce dernier avec notre intention qui dans ce cas-là n’est autre que notre stress donc, une fréquence basse. Nous véhiculons dans ce cas des informations négatives sur cet événement futur.

A l’inverse, lorsque l’on souhaite manifester un futur désiré, il faut alors l’imaginer en pleine conscience, c’est à dire imaginer les émotions supérieures qui lui sont associées, telles l’amour, la joie ou la gratitude afin d’y véhiculer des informations de fréquences supérieures donnant l’intention et l’énergie nécessaires à cet événement pour se manifester dans le futur.

Pensées issues **d’intentions claires**

+

sentiments issus d'émotions élevées

=

nouvelle énergie

L'émotion supérieure est le moteur, soit l'énergie qui va porter notre intention.
Il faut incarner dans le présent le changement que l'on souhaite avoir dans le futur et comme vous vous en doutez, il faut faire le procédé inverse de ce que l'on fait généralement dans la vie lorsque nous nous plaignons que les choses ne vont pas.

Si nous avons bien compris, il faut d'abord ressentir intérieurement la chose désirée pour la voir se manifester extérieurement. Ainsi nous devenons un récepteur, nous nous alignons à la même fréquence que l'événement souhaité ce qui l'attire en nous et, n'oublions pas d'y mettre de la gratitude qui est une émotion puissante.

Nous pouvons donc à ce niveau de conscience admettre que nous sommes acteurs et responsables de notre réalité.
Je fais ici la corrélation avec la Foi qui n'est autre que la substance des choses que l'on veut et l'évidence des choses que l'on ne voit pas.

L'apôtre Paul a enseigné que "la foi est une ferme assurance des choses que l'on espère et une démonstration de celles que l'on ne voit pas"(hébreux 11.1)

Alma a fait une déclaration similaire : "si vous avez la foi, vous espérez en des choses qui ne sont pas vues mais qui sont vraies" (Alma 32.21).

Jésus lui, nous dit: “c’est pourquoi je vous le dis: quand vous priez pour demander quelque chose, croyez que vous l’avez reçu et dieu vous le donnera”.

Je cite aussi une nouvelle fois
Nikola TESLA disait : Si vous voulez trouver les secrets de l’Univers, pensez en termes de fréquences et de vibrations.

Albert EinStein disait : La matière est l’esprit réduit au point d’être invisible. Il n’y a pas de matière, le temps et l’espace ne sont pas des conditions dans lesquelles nous vivons, mais des modes par lesquels nous pensons.
Tout est énergie, et c’est là tout ce qu’il y a à comprendre dans la vie. **Aligne-toi à la fréquence de la réalité que tu souhaites et cette réalité se manifestera.**

Le docteur Joe DISPENZA dit que la fréquence de vos pensées émet une onde électro-magnétique qui attire des évènements de la même fréquence.

Ralph Waldo EMERSON affirme que ce que nous pensons, nous le devenons.

Lao TZU: disait Regardez au-delà de vos sens, percevez l’invisible, écoutez l’inouï, touchez l’immuable, c’est là que se trouve la vérité.

Donc on comprend qu’essayer de comprendre le monde qu’avec nos yeux est insuffisant et qu’il faut utiliser son esprit et aller au-delà de nos sens.

Alors qui sommes-nous, victimes ou maîtres des circonstances?

Si nous regardons comme nous l'avons fait jusqu'à présent, uniquement avec nos yeux physiques, écoutons, déduisons avec nos sens physiques, nous croyons cette réalité porteuse de divers mal-être, de divers maux, cette réalité qui accable chacun de nous et dont nous croyons que, nous ne sommes aucunement responsables.
- Nous nous croyons peut-être déterminés à la naissance,
- Nous pensons que les choses nous sont faites et que nous n'y sommes pour rien, tout au moins pour quelques-unes d'entre elles,
- Nous pensons que nous avons une mauvaise hérédité et que nous sommes plus sujets que d'autres à avoir des maladies etc, etc, ...

Ce qu'il faut savoir et ce dont il faut être conscients c'est que nous ne devons pas perdre de vue que la pensée se transforme en expérience et que les gènes ne créent pas de maladie, mais c'est l'environnement qui leur signale d'en provoquer.
Nos pensées, nos émotions affectent notre corps et nos vies et en quoi les substances chimiques liées au stress peuvent provoquer des maladies ?

A ce niveau je fais aussi le lien avec **la somatisation** dont parle la médecine et la psychologie :
Lorsque nous ressentons du stress, un trouble, un conflit psychologique nous les caractérisons en troubles somatiques au-travers de symptômes physiques plus ou moins persistants.

Ces symptômes ne prouvent-ils pas que nous sommes acteurs ?

Conscientisons qui nous sommes vraiment, il en va de notre bien être ! Suivons ce chemin de l'Amour intérieur qui se trouve être le noyau essentiel de notre cœur.

Ayons des intentions élevées portées par des émotions supérieures. Sachons l'écouter afin que cette semence fleurisse en chacun de nous !

Encore une chose, j'ai beaucoup insisté sur nos pensées, en soulignant que nos pensées afférentes à nos croyances se figent dans notre esprit et que le corps devient alors le réceptacle émotionnel de la configuration de notre construction mentale liée à nos croyances. A ce niveau le corps est donc conditionné émotionnellement à devenir l'esprit et, lorsque le corps devient l'esprit, nous pouvons parler d'automatismes d'habitudes, ainsi nous certifions que notre personnalité ainsi construite devient notre réalité personnelle.

Je veux donc également vous parler de notre environnement qui nous pousse à penser de la même manière. Quand nous voyons les mêmes personnes, que nous allons aux mêmes endroits et que nous faisons exactement la même chose à la même heure, c'est notre environnement extérieur qui est en train de déclencher chez nous les mêmes pensées, et à partir du moment où l'on a des pensées qui correspondent toujours à ce que l'on connaît déjà, nous générons toujours les mêmes expériences dans notre vie.

Si vous avez cru ce que je vous ai dit jusqu'à maintenant, vous êtes à même de comprendre que vous pouvez orienter votre quotidien différemment en conscientisant que ce n'est plus, comme vous

l'avez cru jusqu'à présent, que c'était votre personnalité qui créait naturellement votre réalité personnelle.

Conscientisons, croyons et expérimentons cette nouvelle approche! C'est votre réalité personnelle qui va créer votre personnalité.

Changeons !
Il faut vraiment changer, il faut penser au-delà de son environnement, être au-delà des circonstances de sa vie, être plus grand que les conditions du monde.
Prenez le temps de vous pencher sur quelques grandes personnalités de l'histoire, qui ont fait, grâce à leur génie, avancer les découvertes. Ils avaient tous une vision future, ils vivaient comme si cette réalité future était dans leur instant présent. Ils visionnaient leurs projets !!!
Autrement dit, ils étaient définis par une vision du futur au lieu de l'être par le passé et ce futur, n'était qu'un potentiel dans leur esprit. Il n'avait pas été encore expérimenté. Ils ne pouvaient ni le voir, ni l'entendre, ni le sentir, mais pour eux, c'était très présent.

Pouvons-nous croire en un futur dont nous n'avons pas encore fait l'expérience avec nos sens ? Un futur dont nous avons suffisamment pensé pour que notre cerveau croit qu'il y est déjà ?
Les dernières recherches en neurosciences montrent que c'est tout à fait possible.

Pouvons-nous tomber amoureux (ses), d'une réalité future avant qu'elle se déclenche, au point que notre corps soit convaincu de déjà vivre dans ce futur?

Si nous en sommes capables, nous sommes littéralement en train d'affecter l'expression du gène pour que notre corps se sente vraiment comme s' il y était. Maintenant notre corps et notre esprit ne sont plus ancrés dans le passé. Ils sont une carte du futur et nous sommes en avant-garde, comme le dit Joe DISPENZA

Réfléchissons !

Il y a des manifestations dans le corps et dans l'esprit qui montrent que c'est comme si nous étions déjà dans l'expérience relax parce que l'expérience va venir nous trouver et cela va venir d'une manière surprenante.

Je pense précisément aux paroles de JÉSUS.

- "Aies seulement la foi comme un grain de sénevé" (Matthieu 13. 31-32).
- " Tout ce que tu demanderas en priant, crois que tu l'as reçu et tu le verras s'accomplir". (Marc 11. 24-25).

Pourquoi cela doit venir d'une manière dont nous ne nous attendons pas?

En fait, si nous pouvons nous attendre à la manière dont les choses vont arriver, il n'y a rien de nouveau. Il faut que l'on soit chamboulé complètement, cela doit nous prendre par surprise et cela doit nous laisser sans le moindre doute que la transformation intérieure est ce qui a causé la transformation extérieure et, lorsque nous pouvons faire le lien entre ce qui s'est passé à l'intérieur de nous, avec ce qui s'est déclenché à l'extérieur, nous allons porter attention à ce que nous avons fait et nous allons le faire de nouveau et, ça c'est **ce que l'on appelle la puissance à l'humain, émanent de la puissance Divine.**

Notons la différence entre le modèle Newtonien et le modèle quantique.

Ancien modèle de la réalité, de la cause à effet: qui correspond au fait d'attendre que quelque chose se passe à l'extérieur pour que nous puissions ressentir quelque chose à l'intérieur, comme beaucoup de gens qui pensent que quand ils auront du succès, de l'argent, etc...., ça ira mieux. A ce niveau, lorsque l' on se sent différent à l'intérieur, on prête attention à ce qui l'a causé à l'extérieur et cet événement s'appelle un souvenir (passé) et c'est ***le modèle Newtonien de la réalité.***

Nouveau modèle de la réalité, *le modèle quantique* cause un effet :
Cela signifie que lorsque nous nous sentons riches et capables, alors l'abondance arrive. Quand nous nous sentons heureux et complets alors la guérison arrive et, quand nous sommes émerveillés par la vie, alors nous allons vivre des expériences spirituelles. Quand nous nous aimons nous-mêmes et que nous aimons la vie, nous allons attirer un égal, et quand nous nous sentons puissants (es), c'est là que nous allons avoir du succès. Beaucoup de personnes, hélas, attendent l'expérience avant de ressentir mais ***le modèle quantique consiste à enseigner à notre corps comment se ressent cette réalité avant qu'elle ne soit là !***

Je pense tout simplement à la définition de la Foi, dont parle Jésus:

- "La foi est la substance des choses que l'on veut et l'évidence des choses que l'on ne voit pas".

Là on passe du matérialisme à l'immatérialisme, à une réalité qui est définie par le sens pour aller vers une réalité que nos sens

définissent, et là, des gens ordinaires créent des choses extraordinaires et se guérissent de toutes sortes de maladies, etc...

Concernant ce changement Joe Dispenza, nous explique !

Voilà pourquoi le changement est si difficile.
Voici l'ancien **moi.** Voici le nouveau **MOI.**
Il y a un fossé entre les deux et il faut traverser cette rivière pour aller de l'autre côté, et là, ce qui est le plus difficile dans le changement, **c'est de ne pas faire les mêmes choix que la veille.** Donc, à partir du moment où nous nous disons :
- Oh mon Dieu!, j'ai été une victime durant ces 25 dernières années, je suis dépendant (e) de la douleur et de la souffrance, et il n'y a plus personne que je puisse accuser.

Et nous disons :
- Une fois que je serai illuminé (ée) aujourd'hui, on ne peut plus accuser qui que ce soit, on ne peut plus se plaindre, on ne peut plus s'apitoyer sur soi-même, je ne peux plus parler de qui que ce soit, j'arrête, et TOUT se produit de manière magique pendant les deux premières heures.

Souvenons-nous, nous avons conditionné le corps pour devenir l'esprit. Le serviteur est maintenant le maître et le corps à l'habitude de sa continuité chimique.
- **"Je me sens tellement bien lorsque je me sens mal"!** Et tout d'un coup, nous n'avons plus les pensées qui déclenchent les mêmes processus chimiques, nous ne faisons plus les mêmes choses, nous n'avons plus les mêmes habitudes et nous ne ressentons plus toutes ces émotions, et le corps dit :

- **Aî "Qu'est-ce-que tu fais là-haut"? moi j'ai ajusté tous les récepteurs chimiques pour les molécules de la souffrance.**
- **"Tu m'as conditionné pour être ainsi, je vais te montrer"**, et il commence à envoyer des signaux vers le cerveau et, avant que nous nous en rendions compte, après avoir déclaré que nous ne serions plus jamais victime, il y a des pensées qui arrivent dans notre tête, du bavardage, des voix :
- **"Tu ne changeras jamais, tu es comme ça de toute manière, c'est ta faute, personne ne m'aime, il y a quelque chose qui ne va vraiment pas avec toi, je commencerai demain, ça,ça fait bizarre…"**,

Et à partir du moment où nous répondons à ces pensées, comme si elles étaient vraies, que nous les acceptons, que nous nous soumettons à ces pensées sans les analyser, cette pensée ou ces pensées traversent le cortex cérébral, et elles conduisent aux mêmes choix, aux mêmes comportements, aux mêmes expériences, pour les mêmes émotions encore.

Alors nous nous sentons bien là, c'est un ressenti qui nous est familier.

A partir du moment où nous décidons d'agir ou ressentir de la même manière, nous faisons le premier pas dans cette rivière de l'habitude.

Préparons-nous : cela va être inconfortable, celà ne va pas être familier, il va y avoir de l'incertitude, il va y avoir des choses non prévisibles et, la plupart des gens, dès qu'ils se sentent un peu inconfortables, reviennent à leur ancien **moi**.

Réagissons !

Traversons cette rivière du changement, allons du vieux moi vers le nouveau MOI, c'est l'aspect neurologique, chimique, hormonal et la

mort génétique de l'ancien moi et, la plupart des gens dans cet état préfèrent s'accrocher à leur culpabilité plutôt que de rentrer dans l'inconnu. Ils préfèrent rester dans la tristesse et dans le sentiment d'être incapable, plutôt que de rentrer dans ce vide.

Ils disent souvent que lorsqu'ils sont en train de traverser cette rivière, ils ne peuvent plus prédire leur avenir dans cette inconnue mais il faut bien prendre conscience que la meilleure manière de prédire l'avenir est de créer, pas depuis le connu mais depuis l'inconnu.

Mais voulez-vous vraiment changer vous-dis-je ?

Il ne suffit pas de vouloir, il faut vraiment le vouloir. Il faut être entier, déterminé pour ce que nous voulons ! **Jésus nous dit d'être soit froid ou bouillant et que les tièdes il les vomirait.**

Pourquoi ?

Parce que nous ne sommes pas déterminés, nous voulons bien mais des doutes subsistent. Nous n'avons pas la foi, cette foi qui nous élève, qui nous fait conquérir des montagnes, nous avons peur de l'inconnu, peut-être même de notre Moi profond, nous nous voyons uniquement avec nos yeux physiques, uniquement comme des corps.

Mais qui sommes-nous enfin ! Des victimes ?

Lorsque personnellement je me croyais victime, j'avais peur que quelque chose de négatif me soit fait sans que je puisse changer les choses, étant donné que j'attribuais la venue des forces obscures de par l'extérieur et je me sentais impuissante, pourtant au fond de mon être je sentais une force, mais je ne savais pas d'où elle venait.

Plus je consultais le tome médical qui faisait partie d'une encyclopédie que mon père avait acheté pour faciliter mes études, plus j'angoissais à la lecture des maladies et aux divers symptômes afférents.
C'était de l'hypocondrie manifeste et je n'avais environ que onze ans !
J'étais très angoissée, et c'est peu dire. Je cherchais à comprendre ce qui m'arrivait et j'en parlais autour de moi, précisément à ma mère qui me réconfortait de son amour et me rassérénait du mieux qu'elle le pouvait en m'emmenant consulter sur ma demande des médecins spécialistes dans l'intention de me rassurer.

Je remarquais que plus j'entendais parler autour de moi de maladies, plus j'avais l'impression d'avoir une boule dans la gorge et, lorsque j'étais concentrée sur une tâche quelconque qui captivait mon esprit, plus cette sensation de gorge serrée s'estompait.

J'ai enfin pris conscience que mes pensées et ma manière de voir les situations qui se présentaient étaient à l'origine de ma propre interprétation.
En effet, lorsque j'étais consciencieusement occupée vers un travail ou participais à une action qui me tenait à cœur, j'oubliais le ou les symptômes que je prétendais ressentir, comme je viens de le souligner précédemment.

Cela prouve bien qu'à cette époque , **ce que je pensais, ce que je faisais, là où je focalisais mon attention, où je dirigeais mon énergie et tout ce que je ressentais créaient ma réalité personnelle, un cercle vicieux très difficile à vivre.** Angoisses, peurs panique…, faisaient partie de mon quotidien, surtout en soirée et ces croyances se figeaient dans mon esprit et mon corps devenait ainsi le réceptacle de mes croyances (symptômes, palpitations, sueurs froides, tachycardie, “augmentation des battements cardiaques”...).

Dieu merci, c’est de l’histoire ancienne, mais je tenais à apporter mon témoignage et ainsi valider personnellement, de par mon vécu, de par mes études paramédicales, études en psychopédagogie et en naturopathie hygiéniste, tous ces apports scientifiques, psychologiques et spirituels qui sont mentionnés dans ce livre.

Quelles pensées v

- Quelles pensées voulons-nous déclencher dans notre cerveau ?
- Quels sont les comportements que nous voulons démontrer dans une journée, dans notre vie ?
- Le simple fait de répéter les comportements que nous voulons incarner dans notre esprit va commencer à installer un adware (logiciel) neurologique dans notre cerveau, comme si cela était en train de se produire, et dès lors, nous sommes en train de préparer notre cerveau au futur. Nous remodelons notre cerveau en le reconnectant à un nouveau désir qui va créer de nouvelles connexions neuronales.

Nous commençons donc à prendre conscience que nous pouvons enseigner émotionnellement à notre corps ce que nous avons envie de ressentir dans le futur, comme si c’était maintenant, et si nous le faisons tous les jours, à un moment donné notre biologie va se mettre à changer.

Le simple

La méditation est le modèle que nous suivons : Pourquoi ?

Parce que nous avons conditionné notre corps à devenir notre esprit de manière inconsciente, pour changer il faut devenir plus fort que notre corps.

Si nous vivons le même futur que celui qui était dans le passé, notre corps quand nous nous réveillons est sur pilote automatique pour recréer la même chose donc, il faut aller au-delà des temps prévisibles.

Notre modèle de méditation est basé sur des recherches scientifiques.

Si nous voulons un changement, si nous voulons créer quelque chose de nouveau dans notre vie, ne serait-ce-pas une bonne idée que de fermer les yeux et d'éliminer notre environnement, de boucher nos oreilles avec des boules quies ou de mettre de la musique douce pour créer un espace paisible.

Asseyons notre corps à un endroit bien précis, imposons-lui de rester là et de ne pas bouger. Grâce à notre détermination notre corps est en train de ressentir quelque chose de précis et d'aller au-delà du temps, et de découvrir l'endroit délicieux du moment présent, généreux.

C'est seulement dans l'instant présent que toutes les possibilités existent dans le champ quantique, et c'est une compétence que l'on peut enseigner de nos jours.

La méditation nous aide à nous recentrer, nous travaillons à devenir plus présent.

Il y a un moment où le corps libère de l'énergie, il passe des particules aux ondes et quand et enfin notre corps lâche cette émotion qui nous enchaîne au passé, l'effet secondaire c'est la joie. La joie c'est l'absence de cette émotion addictive.

Il est prouvé en neurosciences que la plupart des gens sont dépendants de leurs émotions.
N'oublions pas que notre cerveau est conçu pour refléter TOUT ce qui se passe dans votre vie. Notre cerveau est un enregistrement du passé, c'est un artefact, c'est la réflexion de tout ce que l'on a vécu et appris jusqu'à cet instant et que l'on a admis comme étant la vérité.
Le conditionnement journalier, les habitudes de pensées, d'actions et de comportements que l'on a acquis par la répétition, sont bien ancrés **mais la bonne nouvelle c'est qu'en toute conscience, en devenant conscient de qui nous sommes, nous pouvons inverser le processus en changeant la configuration de notre conditionnement mental.**

La foi n'est pas une attente passive mais une création en nous !
Nous voulons changer afin d'améliorer notre quotidien, alors BOUGEONS ! Soyons enfin les acteurs conscients de notre existence !

.

Ne soyons plus cet ancien moi, cet ensemble de comportements, de pensées inconscientes, de réactions émotionnelles et d'habitudes qui fonctionne comme un programme d'ordinateur.
Ne délimitons plus notre cerveau dans des schémas bien précis (habitudes) en nous croyant victimes des circonstances.

Soyons plus grands que ce que nous avons cru être jusqu'à présent, élargissons notre attention à ce que nous voulons.
Ne cherchons pas la Vérité de notre bien être à l'extérieur de nous, mais à l'intérieur de nous et, afin de nous plonger dans notre for intérieur, nous pouvons le faire, entre autres, par le biais de la méditation.

En effet, lors de méditations profondes nous ralentissons nos ondes cérébrales en orientant nos pensées vers notre désir et en vivant en imagination et émotionnellement ce que nous voulons pour notre bien-être, ce que ou qui nous voulons devenir.

En devenant acteur de ce processus, nous transcendons notre mental analytique qui crée la séparation entre la conscience et le subconscient, nous revenons donc ainsi aux commandes de notre corps, par l'intermédiaire de notre système autonome.

Je récapitule

Le monde dans lequel nous vivons nous conditionne souvent à croire que nous sommes des individus isolés, navigant dans une existence aléatoire et chaotique, pourtant **TOUT EST INTERCONNECTÉ.**

Notre Univers est en interaction avec chacun de nous et TOUT ce qui se trouve dans l'Univers est constitué de lumière, d'information, d'énergie et de conscience tout comme d'ailleurs notre corps qui, au départ n'était qu'autre que des atomes, puis des molécules, puis des cellules ..etc....., le tout construit par une intention claire et lumineuse Divine, reconnu par la science sous le terme d'énergie électromagnétique

Cette énergie qui crée le cosmos est la même énergie qui nous crée et nous soutient.

Tout est imbriqué dans l'Univers conscient et intelligent dont nous faisons partie, nous sommes tous reliés en conscience, à différents degrés, la psychologie analytique et la psychologie sociale y trouvent leur place, ainsi que la physiologie, les neurosciences et la physique quantique.

La méditation nous aide ainsi à nous reconnecter avec notre Vrai Soi. Nous vivons tous dans ce monde, des incertitudes, des peurs qui obscurcissent notre connexion avec Dieu mais faire confiance à Dieu, dans la vie qui nous fonde et nous nourrit à quelque chose de plus grand que nous.

Dieu, cette vie énergétique, notre grand Moi, appelons-le comme il plaît et convient à chacun, est l'essence même qui nous entoure et nous soutient

L'énergie Divine coule partout, animant toutes choses et les reliant dans un réseau infini. Cette énergie existe dans les particules de notre corps etc....

ALORS

Déplaçons notre attention de la peur vers la Foi

De la résistance à l'abandon

Du doute vers l'Amour.

Le Saint-Esprit dans nos cœurs est une semence de l'Amour de Dieu

Galate 5-22-23 nous dit:

Mais le fruit de l'esprit c'est l'Amour, la joie, la paix, la patience, l'amabilité, la bonté, la fidélité, la douceur, la maîtrise de soi.

La paix, c'est l'Amour qui se repose,

La joie, c'est l'Amour qui s'amuse,

La patience, c'est l'Amour qui endure,

L'amabilité, c'est l'Amour qui respecte,

La bonté, c'est l'Amour en action,

La fidélité, c'est l'Amour éprouvé,

La douceur, c'est l'Amour qui s'exprime,

La maîtrise de soi, c'est l'Amour au contrôle.

L'Amour est un joyau semé dans notre cœur, sachons l'écouter afin que cette semence fleurisse en nous.

En réalité, nous sommes des êtres d'Amour créés par l'Amour Divin, car nous ne pourrions pas vivre sans lui. Nous sommes tout à fait dépendant de Lui, de Celui qui n'est point une forme, de Celui qui nous entoure, nous permet d'exister, de Celui qui, dans son Amour Parfait en incarnant son Esprit en chacun de nous, nous a laissé le libre arbitre qui, nous permet de choisir, soit la Séparation, soit l' Union avec lui.

Il nous faut réaliser que, dès notre naissance, nos yeux se sont voilés et, devant eux, un monde matériel, et des règles se sont instaurés correspondants aux exigences sociétales en cohérence avec ce monde.
En adoptant ce mode de vie, nous enchaînant dans des contraintes archétypales, nous avons oublié notre essence Divine. J'espère que la lecture de ce livret ne vous aura pas laissé indifférents et que votre conscience sera appelée à se réveiller. N'hésitez pas à vous référer aux différents auteurs cités.

Je vous souhaite du plus profond de mon cœur de réaliser qui se trouve caché derrière ce petit personnage, ce petit "moi" qui paraît avoir tant d'importance dans cette vie.

FSC
www.fsc.org
MIX
Papier | Fördert gute Waldnutzung
FSC® C083411

Kolibri 360 GmbH
Ferdinand-Jühlke-Straße 7
99095 Erfurt, Deutschland
produktsicherheit@kolibri360.de

Druck:
CPI Druckdienstleistungen GmbH
im Auftrag der
Kolibri 360 GmbH
Ferdinand-Jühlke-Str. 7
99095 Erfurt